引爆孩子专注力

许萍萍／著

张九尘 娄晓玮／绘

苏州新闻出版集团

古吴轩出版社

图书在版编目（CIP）数据

引爆孩子专注力 / 许萍萍著；张九尘，娄晓玮绘.
苏州 : 古吴轩出版社, 2024. 9. -- ISBN 978-7-5546
-2424-1

Ⅰ. G625.5

中国国家版本馆CIP数据核字第2024HW2965号

责任编辑：顾　熙
见习编辑：张　君
策　　划：刘洁丽
封面设计：扁　舟

书　　名：引爆孩子专注力
著　　者：许萍萍
绘　　者：张九尘　娄晓玮
出版发行：苏州新闻出版集团
　　　　　古吴轩出版社
　　　　　地址：苏州市八达街118号苏州新闻大厦30F
　　　　　电话：0512-65233679　　　邮编：215123
出 版 人：王乐飞
印　　刷：天宇万达印刷有限公司
开　　本：670mm×950mm　　1/16
印　　张：11
字　　数：52千字
版　　次：2024年9月第1版
印　　次：2024年9月第1次印刷
书　　号：ISBN 978-7-5546-2424-1
定　　价：49.80元

如有印装质量问题，请与印刷厂联系。0318-5695320

小辰

急躁，不会记笔记，学习没有重点。口头禅："这有什么难的？我一学就会！""这有什么好背的？我过目不忘！"

露雅

聪慧乐观，兴趣广泛，学习有方法，笔记记得清晰、有条理。上课、做题专注认真，考试前准备充分，喜欢和小伙伴一起讨论错题、难题，解决困难。

天天

一上课就犯困，学习总是马马虎虎，丢三落四，羞怯内向，畏难，不敢说出和面对学习上的困难。口头禅："嗯嗯，我会了。""哦哦，知道了。""有道理……确实挺简单的。"

陈博士

陈博士很博学，能够提供很多建议给小朋友们。

目录

学习中

请勿打扰

第三章

不要让时间白白溜走

第四章

专注力渐进式训练

拖延症 再见

第五章
课堂专注力大挑战

第六章
专注力正念练习

附录

消除分心的事情

天天家

1 如何创建好我们的学习空间?

但你们两家的户型是一样的。

也许是书房的布局不一样。

天天,你家的书房看上去比较狭小。

可能是我把东西放得太杂乱了。

收拾一下就好啦。

Tips

　　小学生的自我控制能力比较弱，很容易受声音、颜色等外界因素干扰，往往会中断正在专心做的事情而去关注周围无关紧要的事。

　　因此，我们需要一个安静、不被打扰的学习空间，全神贯注地学习。

陈博士 三十六计小锦囊

为创建一个良好的学习空间，我们可以这么做：

1

空间固定

比如固定在书房学习，这样我们一进入书房，就会产生"这就是我学习的地方"的意识。

2

空间独立

学习空间是独立的，应和外界的纷扰隔离开来。

3

空间整洁

　　学习空间要始终保持干净整洁的状态。只有在洁净的环境中，我们才能静下心来，专心地学习。

4

氛围安静

　　在学习空间，避免出现零食、玩具、电子产品等容易让我们分心的物品，杜绝玩闹，隔绝噪声。

教室

2 如何让听觉和视觉不受干扰?

刚才上课的时候,你们听到鸟叫声了吗?

听到了,听到了,我还看见鸟了呢。

我怎么没听见?

是啊,你注意力集中。

你上课认真呗!

上课不就是要专心致志吗?

Tips

在听课或者做作业时，外界的声响会分散我们的注意力，比如鸟鸣声、小猫的叫声，以及操场上正在上体育课的同学们的喧闹声等。这些声音，有可能让我们无法静下来继续听讲或者看书、做作业，从而使我们的学习思路被打乱。

因此在学习的时候，即使有外在干扰，也要有意识地调整状态，保持高度的学习专注力。

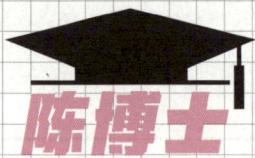

陈博士 三十六计小锦囊

想使听觉和视觉不受干扰，我们可以这么做：

1 眼随板书

听课时，我们的眼睛始终要跟随老师的板书，这样才不容易受到干扰。

2 边听边想

上课听讲的时候，我们要积极思考课堂问题，逐渐进入专注于课堂内容的状态中。

3 高效记笔记

跟上老师讲课的节奏，高效地记笔记，笔记要求清爽、整洁，这样的好习惯也能让我们更专心地听讲。

4 关注课堂

积极参与课堂里的师生问答环节，积极发言，调动学习热情。同时，认真听同学的发言，与之产生共鸣，汲取思想的精华，这样可以帮助我们保持良好的课堂专注力。

小辰家

3 如何热情专注地投入到学习中？

我感觉我得了厌学症。

小辰怎么看上去无精打采的？

不会吧？我都开始爱学习了。

是因为上次考试考砸了吗？

考砸了没关系，要对自己的学习能力有信心！

Tips

　　学习中遇到的小挫折，或者一两次考试表现得不理想，并不能反映一个人真实的学习能力和学习态度。我们应尽快调整情绪，找到学习中感兴趣的部分，保持学习热情。

　　积极主动地学习，学习才会更高效，才能获得成就感和满足感。

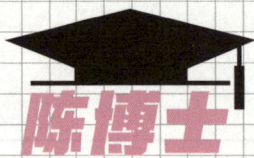

陈博士 三十六计小锦囊

1 提升认知

认识到学习的重要性，制订好学习计划，并给自己定个目标。通过激励、认可、接纳等方法，完成目标。

2 热情回弹

学习时，不要给自己太大的压力，不要产生紧张情绪，注意劳逸结合，消除疲劳感，使热情随时回弹。

3

睡眠充足

合理分配作息时间，保证充足的睡眠，积蓄能量，保证每天精力充沛、注意力集中。

加油

4

箴言提示

在书桌或笔记本上贴上喜欢的箴言或座右铭，来激励自己更专注地学习。

5

找到乐趣

在学习中找到乐趣，掌握高效、轻松的学习方法，以此激发主动学习的动力。

小辰家

4 我就是忍不住想玩呀

把吃的、玩的都收走，专心做作业。

风车真好玩！

苹果真好吃！

现在是做作业的时间，你们又开小差了。

Tips

　　做作业时，放在书桌上的零食会影响我们专心做题，我们往往写着写着就想吃零食了。上课听讲时，课桌上放着的无关学习的小玩意儿也会影响我们专心听课，我们往往听着听着就想做小动作了。这些都是注意力不集中的表现。

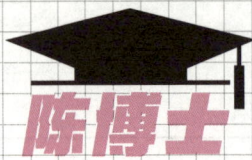

陈博士 三十六计小锦囊

为了在做作业和听讲时不玩耍，我们可以这么做：

1 **熟知课堂纪律**

上课要坐姿端正，精神饱满，不随意讲话，不做小动作，等等，要意识到课堂纪律的严肃性。

2 **保持桌面整齐**

不在课桌上放一些和学习无关的东西，如餐巾纸、水壶、小零食、玩具等。书本要放整齐，文具盒要盖好，放在固定的位置。

3 **小事提前做**

　　喝水、如厕最好在上课前完成。

4 **正向标签**

　　养成良好的听课习惯和写作业的习惯，适当给自己贴正向标签，如"表现真棒""又做对了""都听懂了"，以此来鼓励自己。

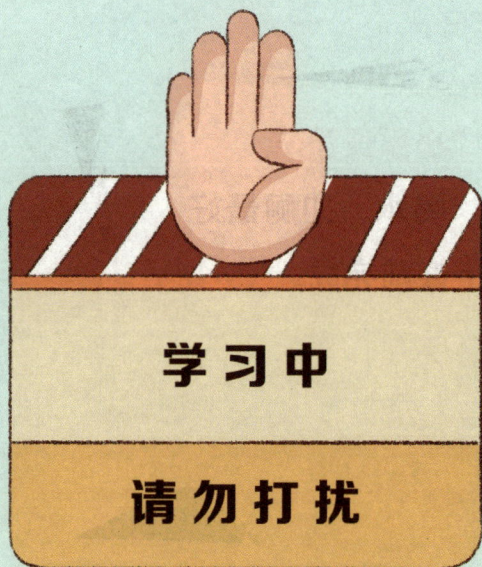

学习中

请勿打扰

做作业时的
边界感

小辰家

5 当被打扰时，我该如何保持专注？

要不要来颗糖果？

要不要喝杯水？

我解题刚刚有点头绪，就被你们打断了。

你们做作业时不要互相打扰啦。

Tips

专注力强的同学在学习时即使被打扰了，也仍然会记得自己当下所要完成的任务。因责任心使然，他们会努力调整好状态，排除干扰，继续完成手头的事情。

但是专注力稍差的同学分心的时间更长，调整状态所花的精力会更多。所以在学习和做作业的时候不要相互干扰。

咦？那是什么？

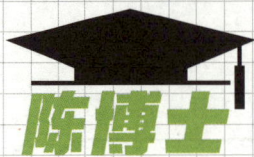

陈博士三十六计小锦囊

提前准备，防止打扰，我们可以这么做：

1 调整状态

被旁人打断学习思路后，不要焦虑，可以适当放松一下，调整好状态，再继续投入到学习中。

2 保持内心稳定

平时要保持内心的平静、稳定。即使被打扰了，也不会因此而过度分心、过分焦虑。

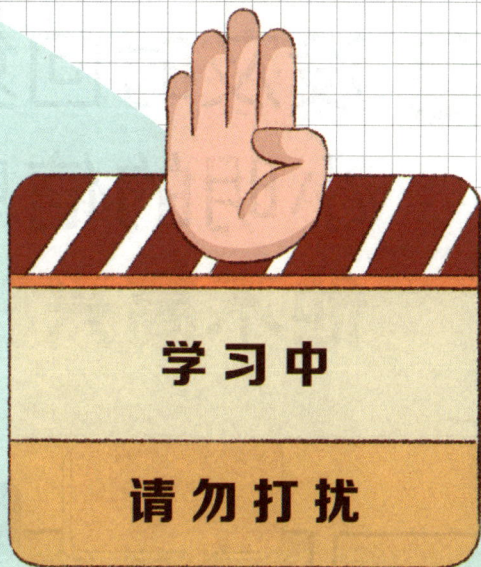

学习中

请勿打扰

3 **提前约定**

学习前，主动排除干扰。和小伙伴提前沟通好自己的学习时间段，学习时间内"请勿打扰"。

小辰家

6 没及时回复小明的信息，他不高兴了

露雅，你今天有心事？

我也看出来了。

和小明闹了点别扭。

那你准备什么时候回复他呢？

是因为没及时回他的信息吗？

我想做完作业后再回复他的……

Tips

　　学生时代，一个很小的误会可能会致使友情出现裂痕，我们的心情也会随之受到影响。在这样的状态下学习，我们的注意力或多或少会被分散。不过，我们最好先平复心情，再处理问题。

平复心情

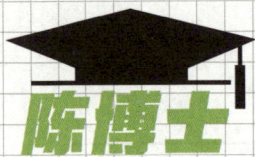

陈博士 三十六计小锦囊

1 正视问题

即使是最好的朋友，也会有闹别扭的时候，这是最正常不过的。

2 保持心境平和

尝试多花点时间在自己的兴趣爱好上，不要对这件事耿耿于怀，事情终究会过去，更应保持平和的心境。

3 **真诚沟通**

闹矛盾了没关系，找机会解释清楚原因，延续友谊，扫除心中的阴霾。

4 **做事有先后**

学习比回复信息、聊天更为重要。我们要先完成当下在做的重要的事，再去处理其他事。

教室

7 面对枯燥的学习，我怎样才能保持专注？

别告诉我你又提不起学习的兴致了？

学习真的好枯燥啊！

是挺枯燥的……

那是你还没发现数学课的趣味性！

我不喜欢记数学公式，所以不能专心学习。

Tips

　　当我们不爱学习时，无论哪门课，我们学起来都会觉得枯燥乏味。可我们一旦投入学习，就会发现原本枯燥的学科也会变得趣味十足。

陈博士 三十六计小锦囊

面对枯燥的学习，我们要想保持专注，可以这么做：

1 读课外书

如果觉得学习枯燥，可以找几本相关的课外书来读，可能会找到不同寻常的故事，并发现其趣味性，帮我们专注地学下去。

2 提升理解力

有时候习题或课文理解起来有难度，枯燥感会加深，精神难以集中。因此，平时要多提升自己的阅读能力，加强理解力，提高专注力。

3 请教小伙伴

　　"你是怎么总结知识点的？""这个问题你用到了哪些解法？""能借阅一下你的学习笔记吗？"通过请教成绩优异的同学，来发现新的学习方法，从而提升学习兴趣和专注力，恢复自信心。

不要让时间
白白溜走

小辰家

8 如何规划自己的学习时间?

根本做不完,我晚上回去还得接着做呢。

作业太多了,感觉时间不够用啊!

你们的作业比我的多吗?

露雅,你都做完啦?

Tips

　　露雅平时懂得合理规划自己的学习时间，也会平衡学习和休息的时间。这样能让露雅更好地掌握知识，更高效地完成学习任务。

陈博士 三十六计小锦囊

想要合理规划学习时间，我们可以这么做：

1

劳逸结合

学习时间过长，会导致我们身心疲劳。因此，我们首先要学会平衡学习与休息的时间，以保持头脑灵活、身体轻松，获得较好的学习体验。

2 **合理安排时间**

我们可以根据自己平时的作息习惯和保持较好专注力的"黄金时间段"来合理安排每天的学习时间。

3 制定学习目标

在合理安排学习时间之前，我们心中还应有明确的学习目标。有了目标，就会有合理管控时间的意识。

4 利用碎片化时间

比如在等车、坐车、排队的时候，我们可以回忆一下自己所学的知识，也可以做一些专注力训练。但不要坐过站哦！

小辰家

9 如何循序渐进地养成规划时间的好习惯？

对啊。

我看看，哇，安排得真充实！

露雅，这是你的学习时间表吗？

Tips

学习时，我们往往会找借口说时间不够用，其实这只是我们时间观念差的表现。比如，明明是写作业的时间，却不好好利用，浪费了时间，当时间耗尽，作业却没有完成。因此要养成规划时间的好习惯，具有时间紧迫感。

陈博士 三十六计小锦囊

想要养成规划时间的好习惯，
我们可以这么做：

1 **珍惜时间**

时间不等人，当下
的时间最为宝贵。

2 **作息规律**

制定一个合理可行的作息表，
既能保证我们的睡眠时间，也有
充分的学习时间，做到劳逸结合。

3 提升效率

高效都是练出来的，如在一个时间段内连续、专注地完成两三件事情，合理地分配时间。

4 养成记录的习惯

把一天中要做的事情按照主次罗列，并专注于其中，根据顺序一件一件地完成，提高自己的时间管理能力。

教室

10 如何利用好课堂时间?

你们都能搞清楚每节课的重点、难点吗?

那是因为你没有集中注意力和利用好课堂时间啊!

我不行,我有时候连笔记都来不及记呢。

上课的时候注意力不集中，没有好好利用课堂时间，你即使再努力预习、复习，都不会有好的成绩。因为课堂上的知识，哪些是重点，哪些是难点，都是老师精心梳理过的。很多具体的学习方法，老师都会在课堂上教给大家。因此，利用好课堂时间，上课时专注认真，对于我们学生来说是非常重要的。

陈博士三十六计小锦囊

想要利用好课堂时间，保持专注，我们可以这么做：

1 做好课前准备

准备好课本和文具，保持课桌整洁，提前预习，使注意力更集中。

2 跟上节奏

40分钟的课堂时间是珍贵的，不要总开小差，努力跟上老师上课的节奏。

3 找寻答案

在听讲的过程中，如果遇到问题，要及时和老师互动，或记录下来，等课后解答。

4 课堂笔记

笔记记得太详细并不可取。我们可以简明扼要地快速记录要点，课后再补充细节。

5 不沉迷于解题

对于上一节课没想明白的问题，不要在下一节课上仍沉迷于求解。这样会影响你对其他课程知识点的掌握。

6 排除干扰

不断提高自己排除外界干扰的能力，让自己专注地听讲。

教室

11 你清楚每天的课程安排吗？

今天第三节是什么课啊？

第二节是语文课，第三节……也许是数学课吧？

小辰，你记错了，第三节是美术课。

Tips 　一学期的课程比较多，清楚每天的课程安排，才能帮助我们上有准备的课。为了弄清楚每天要上哪些课，我们应该制作一张课程表。

陈博士 三十六计小锦囊

1 制作课程表

一张课程表主要有时间、课程等内容，按照表格填写好一周的课程内容。

2 合理安排

根据课程表，我们知道每天课程的具体安排，这样可以让我们规划好每天的预习内容。

3

提前准备

根据课程表，我们可以把上课需要的物品提前准备好，比如：在体育课前准备好运动服、运动鞋，在数学课前准备好圆规、三角尺，等等。

天天家

12 如何将学习内容分主次先后呢?

哎呀,我也没什么头绪。

要复习的内容可真多啊!都不知道怎么开始了。

温馨提示:每一课中哪些比较重要,就先复习哪些。

露雅,你的意思是复习也要分清主次,对吗?

那当然啦!

Tips

有时候我们做事情效率低，易分心，或经常出现阻力等，并不是因为我们不够努力，而可能是我们没有分清学习内容的主次先后的缘故。

陈博士 三十六计小锦囊

1 列出重点

将每周的重点学习内容一一列在笔记本上。

2 进行梳理

梳理、标记出其中必须复习的知识点，再按重要程度排序。

3 有的放矢

把时间和注意力放在重要的学习内容上。而其中有些学习内容，比如非常熟悉的知识点和习题，如若时间不充裕，也不一定要反复复习。

小辰家

13 学习前的准备工作有哪些?

> 天天,你的文具好杂乱啊!

> 嘿嘿……东西太多了,来不及整理呢。

> 书包里的书也是乱七八糟的呢。

> 还记得吗?做作业前,我们要先把书桌弄整洁。

> 瞧,我已经把书桌整理好了。

Tips

你应该听过这句俗语：机会是留给有准备的人的。这句话看似简单，但是充满哲理，点明了准备工作的重要性。

每天学习结束后，我们都要将书包里的书本、文具整理好，养成好习惯。

陈博士 三十六计小锦囊

做作业之前都有哪些准备工作：

1 全面了解

做作业是对阶段性学习内容的自我检查。认真对待作业，可以帮我们了解哪些知识点掌握得还不充分，学习的薄弱点有哪些。

2 状态轻松

做作业之前，可以补充一些食物，听一首舒缓的音乐，让心情放松一下，以最佳状态来学习。

3 环境安静

　　保持学习环境安静、整洁、明亮；学习用品准备齐全，包括课本、作业本、笔、草稿纸、橡皮等。

4 规划时间

　　规划好学习时间，包括做作业、复习、预习的时间及不同科目所占用的不同时长，都要细致规划。

小辰家

14 怎样才能按照要求完成作业呢?

完成作业是每个学生必须做到的每日任务。

我们要深刻意识到对待作业就好比对待一场场考试，严肃、认真、专注是完成作业所应有的态度，散漫、敷衍和草草了事都是不可取的。

陈博士三十六计小锦囊

按照要求完成作业，我们可以这么做：

1 **分段完成**

作业任务比较重时，可以把它们分解成一些小任务，一个一个地去完成，以缓解压力。

2 **先易后难**

做作业时，遇到难题可以先不做。把简单容易的作业完成后，再通过查阅资料、求助别人等方式去解决难题。

3 学会放松

在长时间学习后，如果感到疲劳可以放松一下、休息一会儿，如闭目养神、听音乐、画画等。

4 取长补短

可以和好朋友结伴做作业，遇到难题时可以一起讨论解题思路，分享解题方法，共同成长。

5 认真对待

像对待考试一样对待作业，先不看课本，认真完成已经掌握的内容，再查书完成没掌握的内容，加深记忆。

专注力
渐进式训练

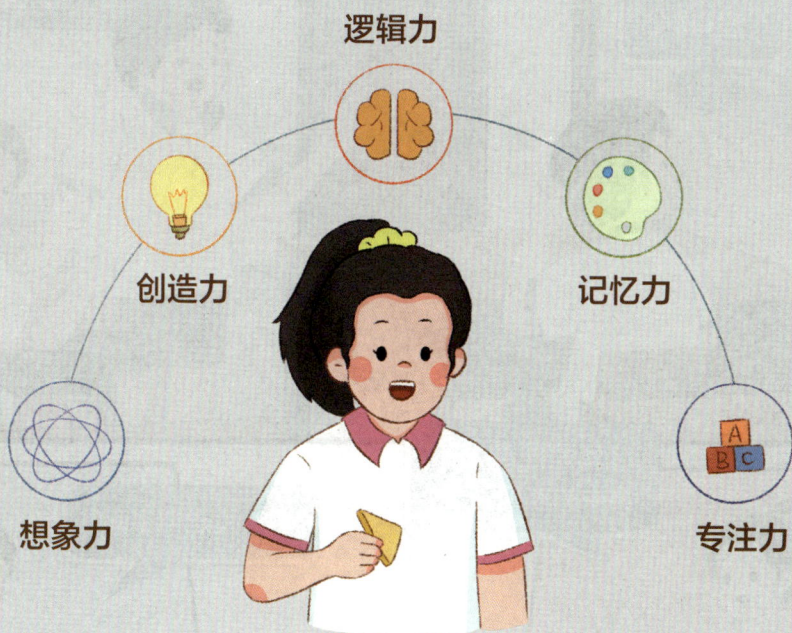

逻辑力

创造力

想象力

记忆力

专注力

教室

15 衡量自己的专注力水平

那为什么我刚才和你说话,你没反应?

小辰,你又开小差了?

没有啊。

这就是注意力不集中的表现。

啊?我走神了吗?

Tips

专注力是高度集中的注意力，是一个人短期内专注于某件事情的心理状态，也是我们信息加工的必要条件。

专注力的时长虽然没有上限，但如果不加以适当调节，可能会过于疲劳，而对大脑造成不利影响，降低我们的主动专注力水平。

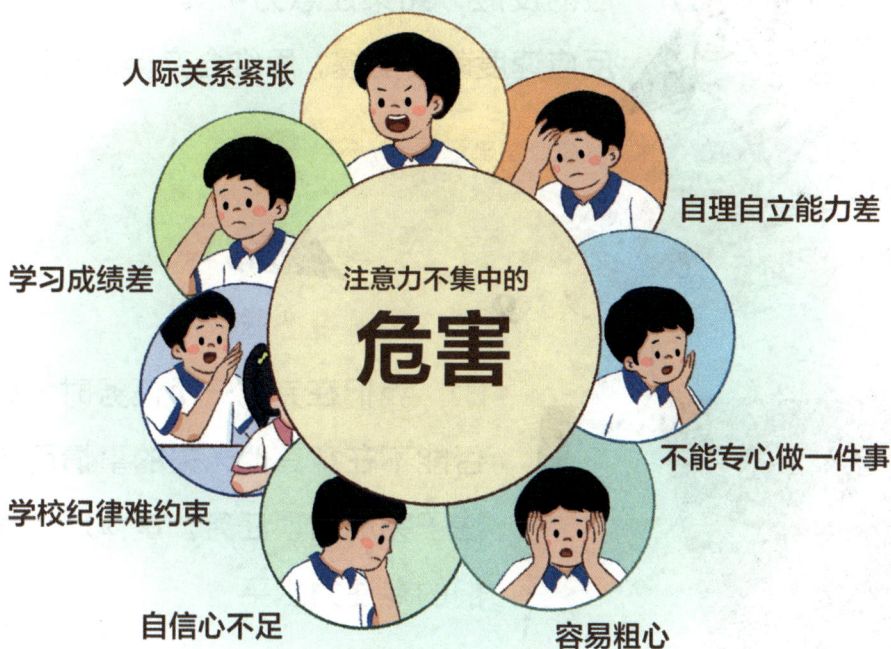

人际关系紧张

自理自立能力差

学习成绩差

注意力不集中的

危害

不能专心做一件事

学校纪律难约束

自信心不足

容易粗心

陈博士 三十六计小锦囊

可以从这些方面了解自己的专注力水平：

1

目标是否明确

我们把注意力集中在一个任务上时，能快速地根据明确的目标做出相应的反应；如果注意力不集中，那么反应速度就会变慢，思维会变得迟钝。

2

是否专心致志

我们在完成一个任务时，是否能不在意其他无关的事情而专注于完成这项任务，这体现了我们的专注力水平。

3 **专注时间的长短**

注意力集中在一件事情上的时间的长短，也是衡量自己专注力水平高低的标准。

$2+2=4$

4 **注意力转移能力**

注意力转移能力也能反映出我们的专注力水平，如课间休息、玩乐过后，是否能很快地把注意力集中在课堂上。

5 **专注力广度**

在较短的时间内，能否做好笔记，关注到更多的知识内容，这是专注力广度的表现。

露雅家

16 有哪些专注力训练方法?

我们一会儿听听陈教授怎么说!

训练专注力的方法有很多。

我也想知道有什么办法。

有什么办法能训练专注力呢?

Tips

　　提升专注力，我们主要提升的是注意力、记忆力、逻辑力和创造力等方面。平时加以锻炼，专注力就会明显提高。

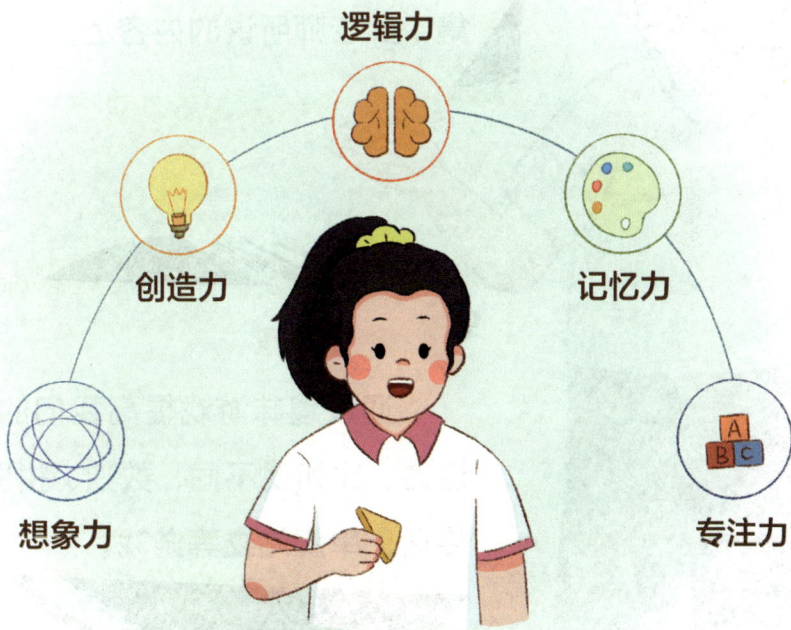

逻辑力

创造力

记忆力

想象力

专注力

陈博士 三十六计小锦囊

加强专注力训练，我们可以这么做：

1 **课堂记录**

一边听课，一边记录重点，可以让我们主动听课，把注意力集中到老师所讲的内容上。

2 **游戏训练**

通过趣味游戏提高我们的专注力，比如找不同、数独、拼图、传话、单脚站立等游戏。

3 长时训练

通过参与下棋、练书法等长时间的活动，增强聚精会神的能力，从而延长我们专注的时间。

4 大声朗读

这能训练我们的视觉、听觉以及语言表达能力，还能使大脑处于"排空"状态，提高记忆力。

7	12	20	6	18
2	1	10	16	23
19	14	25	3	8
4	21	22	24	9
15	5	13	11	17

5 舒尔特方格

自制方形卡片，在卡片上画出 25 个 1 厘米 ×1 厘米的方格，在方格中打乱顺序填写 1—25 的数字，再按照 1—25 的顺序快速地点读出来。完成的时间越短，则说明注意力越集中。不断训练，16 秒内完成即为优秀。

天天家

17 # 为什么我不愿意做**需要动脑筋的事情?**

专注力练好了，但是我的脑子还是不会动啊……

今天的作业可真难。

别着急，有可能是你们还没有掌握思考问题的方法！

动脑筋好累啊！

Tips

　　很多同学不愿意主动思考，也不愿意动脑筋，这并不是智力或专注力出了问题，而是与个人的兴趣、态度、观念、动机、意志、习惯、情感、生活环境等非智力因素有关。

　　当这些因素妨碍了学习进步，就需要审视自我，及时调整，以免影响学习进度。

陈博士 三十六计小锦囊

想要独立思考，我们可以这么做：

1 去除依赖性

我们缺乏独立思考的能力，可能和依赖性强有关。我们要在生活和学习中学会独立，不过分依赖父母、老师和同学。

2 多角度思考

训练自己从多个角度考虑问题的思维能力，使思维更灵活全面。

3 学会运用

思考有方法，有步骤——发现问题、提出问题、思考问题、解决问题，将这一方法运用到学习中去。

久而久之，主动思考就会变成一种习惯，帮我们解决问题，伴随我们成长。

4 自查纠错

通过纠错本养成分析错误的习惯，加深印象，攻克学习中的薄弱环节，自然而然地养成自查习惯。

5 多路径解决

在完成某项任务时，可以多问问自己是否还有不同的解决方法，或者还有没有更便捷的处理方式，培养发散性思维。

6 "五勤"助力

做到眼勤、手勤、脑勤、腿勤和嘴勤。"五勤"能让我们身强体健，使我们的大脑更聪慧。

放学路上

18 为什么我被打断后，不一会儿就又走神了？

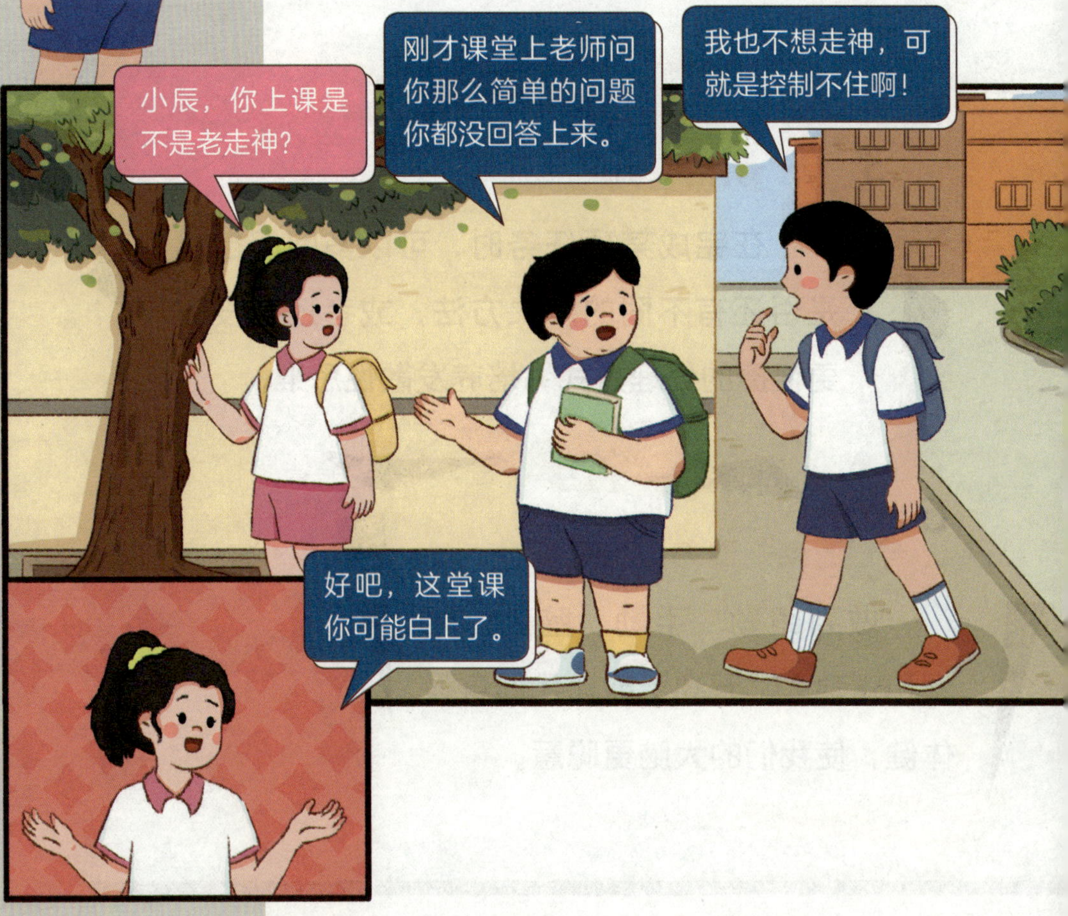

Tips

　　我们在上课时，会有走神的时候。一旦走神，专注力差的同学就很难让自己回到认真听讲的状态中了。

　　一节课下来，根本不知道老师讲了些什么，自己听了些什么、记了些什么。做作业速度变慢，考试成绩不理想，自信心也大打折扣。因此，我们要避免课堂走神，也要学会在走神时尽快将自己的状态调整好，回归课堂。

啊，又走神了！

陈博士 三十六计小锦囊

1

提醒自己

上课时，如果发现自己东张西望、写写玩玩，应马上提醒自己开小差了，要调整状态，回到课堂中，跟上老师的节奏，认真记笔记。

2

调整呼吸

我们即使意识到自己在走神，也可能很难马上回到专心听讲的状态中。这时候我们可以调整呼吸，在节奏平缓的一呼一吸间调整好专注力，避免再次走神。

3 **压力唤醒**

走神的时候，用"不听讲，就不会做习题""不听讲，会影响学习进度"等施加压力的自我问答增加紧迫感，使自己再次集中注意力。

4 **课余练习**

课余，我们可以进行"走神"和"压力唤醒"相互切换的练习，提高马上进入学习状态的能力。

19 拖延症也是因为专注力不够吗？

我们早就做完了呢。

天天，你的课堂作业还没做完啊？

不是的，只是……刚才……刚才懒得做。

你是不是又犯拖延症了？

Tips

　　拖延症虽然和运动协调性差、反应能力差等生理因素有关，但和专注力差、时间观念不强、没有养成良好的习惯等因素联系更紧密。

　　做事拖拉、懒散的坏习惯一旦养成，就会大大降低我们的视听追踪能力，导致我们跟不上课堂节奏，知识点掌握不扎实，写字速度变慢，从而影响学习效率。

陈博士 三十六计小锦囊

想要改变拖延、懒散的习惯，
我们可以这么做：

1 建立时间观念

可以利用计时器、制订计划等建立正确的时间观念。了解时间的长度，如了解 5 分钟内可以完成哪些事。

2 向同学学习

平时多与守时、自律、活泼开朗的同学互动。在玩耍和写作业的同时，学习小伙伴是如何管理时间的，以提升自己管理时间的能力。

拖延症再见

3

重视损耗

是不是总想着临时抱佛脚？是不是成绩不理想时还找借口："这次我没认真"？久而久之，内心会分裂出两个自我，一个沉迷于眼前的娱乐，另一个心疼自己的实际损耗，产生负罪感。

4

梳理学习内容

制作思维导图是很好的梳理方式，把一周或一个月内的课程进行梳理，明确课程主题、关键词、关键知识点等，提高学习清晰度。

5

交替进行

每天制订好计划，养成放学后先完成作业的好习惯。接下来可以玩一会儿再进行复习，接着，休息15—30分钟后进行新知识的预习。

教室

20 我看着黑板啊，怎么注意力集中不到老师的板书上呢？

我在想，是不是我的眼睛出了问题。

天天，你歪着脑袋、托着下巴，是在沉思吗？

可能是因为你的专注力不够。

怎么啦？你是看不清吗？还是视力模糊了？

我明明看着黑板，可为什么老是觉得看不全上面写的内容呢？

Tips

上课的时候，我们虽然眼睛紧紧地盯着黑板，但总会觉得自己的视线集中不到板书上，跟不上老师的书写速度，这可能是我们的视觉追踪能力不佳造成的，尤其对移动的事物敏感度差。

陈博士 三十六计小锦囊

想要提高视觉专注力，我们可以这么做：

1 追光训练

晚上，房间里不开灯，把手电筒的光投射于墙壁上，使其或左或右、或上或下地移动，让眼睛追光，进行训练。

2 看钟摆训练

我们可以坐在大钟摆前，视线随着钟摆左右移动。

3 迷宫寻迹训练

课余时可玩一玩迷宫游戏，在众多的线路中找出正确的那一条。

课堂专注力大挑战

天天家

21 # 为什么我总是记错**老师口头布置的任务呢?**

你记错了吧,我们今天要做的是32—35页的作业。

天天,你怎么在做第36—37页的作业呢?

难道不是吗?

我听了,但是记错了。

你没听老师布置作业吗?

Tips

　　如果没有全神贯注地听讲，沉迷在其他声音和事情里，就会遗漏重要的知识点和老师口头交代的事情。

　　一堂课 40 分钟，我们既要状态轻松地听讲，也要用心、专注地听讲，这样才能提高我们的听觉追踪力和听觉记忆力。

陈博士 三十六计小锦囊

1 不开小差

一节课接近尾声时，还不能懈怠，因为老师总是在最后布置作业，要认真听完老师讲的每一句话。

2 提高理解力

多阅读课外书，养成记读书笔记的习惯；平时多和同学交谈；掌握基本概念和基本常识；积累词汇，发展兴趣爱好。

3 锻炼听力

多听广播。在听的时候，留意时间、人物、地点、事件等关键内容，使我们的听觉变得灵敏，从而提升我们的听觉追踪力和听觉记忆力。

4 复述课文

将学习过的课文复述给家长或好朋友听，在反复讲述的过程中，加强我们的表达能力，增加头脑的灵活度和认知深度。

📍 教室

22 上课的时候总是分神，该怎么办呢？

或者是被鸟叫声打扰到了？

怎么啦？你有心事吗？

今天上数学课时我又走神了。

都不是，可能是因为我不理解老师讲的内容，总是提不起兴趣。

Tips

我们的专注力会受到非智力因素的影响，包括性格、兴趣、习惯、睡眠、身体状况等。所以，有的时候，不是我们的智力不够，而是要找找非智力方面的原因。及时调整一下自己的状态吧！

陈博士 三十六计小锦囊

为了让自己在上课时不分神，
我们可以这么做：

1

提高理解力

上课时总是分神可能和理解力差有关系，即因听不懂老师所讲的知识而开小差。因此，我们对这一点要稍加注意。

2

培养兴趣

对于不感兴趣的课，我们可以补充相关的课外阅读，来发现课本以外有趣的内容。

3

提前预习

像天天的情况属于听讲吃力，针对这种情况，要提前预习所学课程，尤其是不感兴趣的课，更要提前预习。

4

记录重点

如果我们前几条都已经做得不错了，这时候我们还要紧跟老师的授课节奏。认真听讲、及时记录、积极解题，尤其是新公式、新句型、新词语，要第一时间记录下来。

第五章

露雅家

23 为什么同样的时间内，别人能完成的任务，我却完不成？

你们做得这么快啊！

好啦，我做完作业了。

我也快了，还有最后一道题。

你的作业还剩多少？

我只完成了数学作业，语文和英语作业都还没开始做呢！

Tips

　　天天的问题出在哪儿了呢？其实，是他没有安排好自己写作业的时间和顺序，一直纠结于有难度的作业，结果浪费了时间，其他简单的作业却还没完成，这样就显得拖拉了。

　　认真做作业是好事，但是我们要懂得珍惜时间，学会在规定的时间内高效地完成作业，安排好作业的先后顺序。

陈博士三十六计小锦囊

要在规定时间内完成作业，我们可以这么做：

1 管理时间

加深对时间的认识，学会珍惜时间，认识到主动管理时间对学习、生活的重要性。

2 分配时间

对不同课程的作业所分配的时间应有不同。先完成学得好的课程的作业。

3 **计时完成任务**

完成任务时，可以用计时器计时来督促自己在规定时间内完成，并养成习惯。

4 **提高效率**

做作业时要专注认真，不能马虎。并且，做题顺序是先易后难，有难度的题留在后面边查资料边解答，以提升答题效率。

教室

24 如何让自己的学习更高效?

我也有难题本。

露雅,你怎么有这么多纠错本啊?

除了纠错本,还有难题本呢。

是不是有了这些,就能提高学习效率了呢?

要想提高学习效率,光有这些可不够。

Tips

人们常说，"学会"不如"会学"，只有会学的学生才有较高的学习效率，才能平衡各科的成绩，并在考试时获得高分。

陈博士三十六计小锦囊

让学习更有效率，我们可以这么做：

1 养成好习惯

养成上新课前先预习、做作业前先复习和做笔记的好习惯

2 听课三步走

听课时，要根据预习、复习情况，做到"抓重点，随老师，当堂懂"这几点。

兴趣 实力 决定 学习目标

短期目标

中期目标

长期目标

3 错题本和难题本

错题本用来订正纠错和复习；难题本用来攻克各类难题，突破固有思路。

4 阅读有方

阅读前先看目录、图表、插图，再看正文，区分略读和精读。

5 调整学习目标

学习目标所用时间要先短后长，如先记住 20 个单词，再背诵小短文，接着记忆一周内所学的数学公式，等等，根据自身学习情况随时调整。

放学路上

25 为什么会做却考砸了？

你们今天考得怎么样？

我又考砸了。

你怎么知道你又考砸了？

最后几道题我都来不及做完。

我很后悔，那几道题我明明会做的。

考试时间是不是没安排好啊？

Tips

　　任何考试都有其局限性，分数也没有我们想象中那么重要，所以考不好不用过分自责。考试最大的意义是让我们能够了解自己的学习情况，从试卷中找一找我们的学习漏洞，从而纠正错误，巩固所学知识。

陈博士 三十六计小锦囊

想要有理想的成绩，我们要考试前准备、考试后调整：

1 掌握时间

考试的时候，按"从前往后、先易后难"的原则来答题，不要纠结于难题而浪费时间。

2 检查文具

考试前准备好铅笔、钢笔、尺子、橡皮等文具。铅笔多准备几支，钢笔装满墨水。

考的都会

3 保持好状态

内心平和，不紧张，也不懈怠；考前半小时吃饭、喝水，考前 10 分钟上一次卫生间，保持良好的身心状态。

4 "诊断"和"治理"

没考好也不要灰心，因为考试是对我们学习情况的一次次"诊断"，"诊断"后发现的问题是我们需要去着重"治理"的。

📍 公园

26 不想受到批评怎么办?

小辰，你怎么啦？

被批评不是很正常的事吗？

被批评了，心里难受。

对啊，我们要善于接受批评。

Tips

　　赞誉之声、顺耳之话，是每一个人都喜欢听的，但我们有时也会因自己处事不当而被质疑，被指责。当出现批评的声音时，我们不应该产生抵触的情绪，而要冷静地听听别人批评得是否有道理。确实是帮我们纠正错误的批评，我们应虚心接受。

不要碰我！

批评

挫折

陈博士 三十六计小锦囊

对于批评的声音，我们不应害怕：

1 一句谚语

记住这句话："恭维是盖着鲜花的深渊，批评是防止跌倒的拐杖。"

2 三点提升

对于正确的批评，我们虚心接受，反而能纠正错误，改过自新，提升自己。

3

理性平和

在听到批评时，我们不要急于反驳，而是先让自己冷静下来，听听对方的出发点是什么。

妈妈，
我错了……

4

分辨批评

我们通过思考，对于好的建议，要用平和的心态去采纳。但是，如果对方批评的出发点是错误的，我们要学会忽略。

5

学会拒绝

如果对方态度恶劣，污言秽语，贬损挖苦，要马上打断，拒绝任何形式的暴力沟通。

教室

27 提升成绩和培养学习能力，哪个更重要？

什么是"授人以鱼"和"授人以渔"啊？

就是给你吃鱼和教你捕鱼呗。

那我要吃鱼。

自己会捕鱼才能有吃不完的鱼啊！

鱼吃完之后呢？

那……

Tips

俗话说："授人以鱼不如授人以渔。"这句话反映出学习能力才是学习成绩的真正保障。因为有了获取知识的能力，我们才能厚积薄发，举一反三地运用所掌握的知识取得更大的成就。

陈博士三十六计小锦囊

1 学习能力包括哪些？

专注力、记忆力、想象力、表达力、观察力、运动能力、思维能力等，都属于学习能力。

2 做一个有活力的学生

我们应该追求德智体美劳的全面发展，积极参加体育活动，享受娱乐活动，坚持阅读，等等。

3

成为一个有智慧的少年

勤奋好学，做事专注认真，独立思考、解决问题，对学习有兴趣、有信心，保持各学科之间的平衡。

4

厚积薄发

对于学习能力的培养不要过于心急，因为这是一个需要日积月累、不断攀升才能发生质变的过程。

📍 操场

28 负面情绪会让我注意力不集中吗?

我也感觉到了呢。谁惹你生气了?

小辰,你怎么气呼呼的?

该不会是课堂上发脾气的李老师把坏情绪传染给你了吧?

也许吧,我都没认真听讲。

Tips

如果我们被坏情绪包围，思绪就会产生波动，从而导致注意力不集中，无法专注于学习。因此好情绪、好心态是我们保持专注力的前提。

只有掌控好自己的情绪，才不会被畏难、焦虑、嫉妒等不良情绪牵着鼻子走。

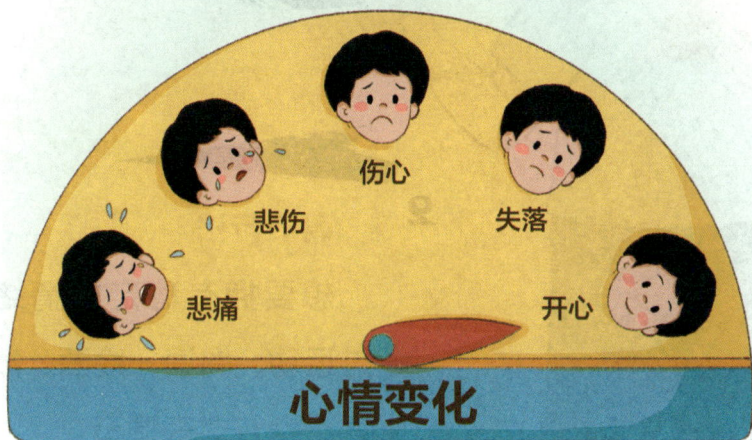

悲伤　伤心　失落

悲痛　　　开心

心情变化

陈博士 三十六计小锦囊

当受到坏情绪影响时，我们可以这样做：

1 注意管理情绪

平时注意管理自己的情绪，避免大喜大悲、情绪起伏不定，使情绪保持平和、积极向上。

2 调节方法

想要拥有稳定的情绪，可通过运动、阅读、绘画、散步、听音乐等方式来调节。

3

远离负面情绪

远离产生负面情绪的源头，比如，他人在发脾气时，我们最好远离，以免受到他人的负面情绪的影响。

4

处变不惊

人际关系有一定的复杂性和不确定性，他人的负面情绪我们不是每一次都能远离，比如老师上课时的情绪……所以我们调整自我情绪的同时，也要理解对方，不过度代入自己的情感。

操场

29 内心受到干扰怎么办？

我也不知道怎么了。

是不是阴天的缘故？

天天，我看你刚才上课时心不在焉的。

我们一起去跑一圈吧，给自己打打气！

谢谢露雅、小辰，你们总是那么关心我。

Tips

有时候，我们自己也不知道究竟是怎么了，心里会产生莫名其妙、说不上来的情绪。一旦有了这种无意识的感觉存在，我们做事情就会心不在焉，难以专注。这就是我们所说的内心受到干扰。

陈博士 三十六计小锦囊

1 **消除紧张感**

迟到、受到批评、同学之间的矛盾等，都会让我们的内心受到干扰。遇到这些情况时，我们需要一些时间来平复心绪。但是不要过于紧张，我们要告诉自己，这些问题是暂时的，是能解决的，我们要以学业为主。

2 **放松身心**

排除内心受到的干扰，可以从放松身心开始。我们可以通过调整自己的坐姿、缓慢深呼吸、做扩胸运动等方式放松身心。

3 专注认真

尽快将注意力转移到板书、课本知识和课堂笔记中去。如果干扰内心的问题较严重，要及时向老师或家长反映。

4 平时多训练

平时可通过运动、大声朗读、和朋友互动、练书法、下围棋等方式，提升自己的专注力和情绪稳定性，来对抗突发状况对自己的影响。

放学路上

30 考试时粗心了怎么办?

天天,你考了多少分?

本来我能得97分的。

是不是答题又粗心了?

是啊,标错了声调,扣了2分。

我也马虎了,居然把木字旁写成了禾字旁。

　　考试因粗心而丢失分数总是会令我们懊悔不已。其实，做题粗心，究其根源是我们的专注力不够。

陈博士 三十六计小锦囊

考试时要避免因粗心而出错，我们可以这么做：

1 **检查文具**

考试前检查好考试时所需要的笔、橡皮、尺子、草稿纸等物品。

2 **查漏补缺**

考试前一周将错题本和难题本再认真看两遍，对自己容易犯错的地方着重复习，并时常去温习。

3

仔细审题

拿到试卷后不急着答题，先将试卷通看一遍。接着，认真地审读每一道题，可以边默念边思考，加深理解。

4

工整干净

解答数学题时，步骤要完善、工整，即使是打草稿，也要保持整洁，让自己能看清楚每一个步骤。

5

集中精力

考试时不要交头接耳、东张西望，把注意力集中在试卷上，认真答卷，仔细检查。

专注力

正念练习

露雅家

31 如何通过呼吸来调整自己的专注力?

我妈妈经常练瑜伽,她告诉我深呼吸可以调整我们的注意力。

我们不是每时每刻都在呼吸吗?

我说的是深呼吸,和我一起做。

呼——吸——

真的有用啊,感觉很舒畅。

Tips

　　深呼吸是简单有效的注意力调整法。当我们意识到上课走神、分心的时候，可以运用此方法快速地将注意力集中到课堂上。

陈博士 三十六计小锦囊

用呼吸调整专注力，我们可以这么做：

1

深呼吸法

采用腹式呼吸，鼻子吸气 5—10 秒，嘴巴呼气 10—20 秒。重复做 10—15 组。

2

呼吸要缓慢平静

呼吸时，要缓慢平静，把注意力集中在呼吸上。反复感受一呼一吸间的安静自然，让思绪回归。

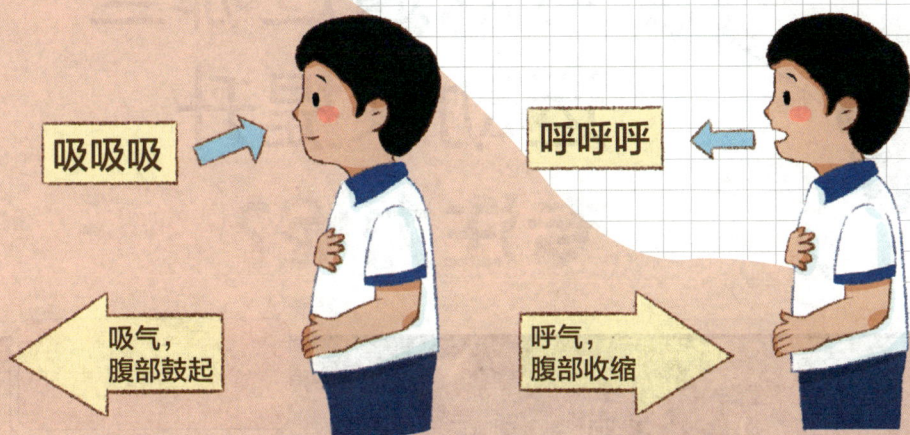

吸吸吸 →

呼呼呼 ←

← 吸气，
腹部鼓起

呼气，
腹部收缩 →

3 **平复情绪**

　　当感到自己的情绪不稳定时，我们可以闭上眼睛，使用深呼吸的方法，在缓慢地吸气、呼气中，平复情绪。

32 可以通过哪些运动来提升专注力呢？

运动也能帮助我们提升专注力。

哪些运动？

可多了，骑行、轮滑、跳绳、踢毽子。

打羽毛球、打乒乓球、打网球、打篮球。

还有踢足球。

哇，我都等不及了！

体育馆

运动不仅健体，也健脑。运动会让我们的头脑更灵活，能帮我们缓解压力、放松心情，从而使注意力更加集中，让我们能专心学习或做事。

有研究表明，运动能提高大脑的认知能力和处理信息的能力，这样就能使注意力资源得到更好的分配。

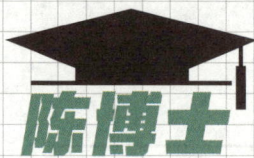

陈博士 三十六计小锦囊

能提升我们专注力的运动有哪些：

1 散步

在公园的人行步道上专注地行走，注意保持步幅、节奏和身体的平衡。

2 跳绳

在跳绳时，我们锻炼了弹跳力、协调力，还能提升节奏感知能力，增强心肺功能，从而提高专注力。

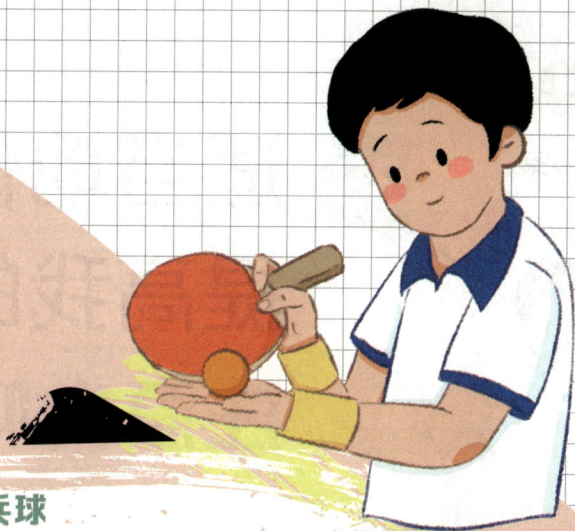

3 **打乒乓球**

　　我们的眼睛长时间跟随乒乓球不断移动，手臂有节奏地挥动，这样可以很好地锻炼我们的视觉专注力。

4 **游泳**

　　这是一项需要全身协调配合的运动，可以帮助我们增加保持专注的时长。

小辰家

33 适当地休息能提高我的**注意力吗？**

你们怎么都没喝水啊？

妈妈，我根本没有时间呢。

今天的作业确实有点多……

阿姨，我们都没时间喝水。

作业再多，也得适当休息呀。

Tips

　　在写作业的过程中，为保持高效的学习状态和良好的身心健康，需要注意适时休息。休息一会儿能帮助我们放松身心，缓解长时间集中注意力带来的紧张感，还能让接下来的学习更高效和专注。

学习累了，休息一下！

陈博士 三十六计小锦囊

1 合理安排休息

如学习 45 分钟，休息 10—15 分钟。根据自己的学习习惯来安排。

2 什么时候休息

感到有点疲乏的时候，我们可以站起来眺望窗外、出去散步、吃点东西、玩涂鸦游戏、玩乐器或小憩一会儿。

3 停止学习

在困乏和身体不舒服的时候要立刻停止学习，以身体健康为主。

4 调整状态

长久地保持专注，是非常耗脑力的。我们要学会随时调整自己，让学习有弹性、有兴致，休息后可随时进入学习状态。

教室

34 注意考前释放压力

要期末考了，觉得压力好大呀！考砸了怎么办呢？

天天，没有压力才不正常吧？

放松，放松，考试都有压力，考砸了说明还有进步空间呢。

Tips

　　临近考试，同学们的情绪或多或少有点不稳定，比如焦虑、紧张、烦躁等。这虽然是学生在特定环境下产生的正常心理表现，但也得及时调整，不然考前的压力会影响到我们的正常发挥。

考前焦虑症

陈博士 三十六计小锦囊

释放考试压力，我们可以这么做：

1 找回自信

打开错题本和难题本，现在掌握的知识是不是比上个月、上周的多？而且曾经的易错点、难点现在也都掌握了。

2 充分复习

巩固基础知识，牢记公式、重点句型、例句等，做几套模拟习题。

3 **倾诉调节**

　　考前压力大，可向家长或同龄人倾诉，调节情绪，缓解压力，也可通过运动、听音乐、清空杂念等方式为自己减压。

4 **睡眠充足**

　　保持良好的睡眠习惯，保持被褥整洁，躺卧舒适。做到早睡早起，保证 8—10 小时的睡眠时间。

教室

35 体会爱给我们带来的正念

我们在体会朋友给我们的友爱的同时，也要传递出我们爱意。

怎么传递？

送礼物吗？

哈哈，爱不光是给予，也是责任、尊重和理解。

Tips

　　爱给我们带来安全感、满足感和幸福感，它是世界上最伟大的疗愈力量，是人类最根本的情感需求。爱可以让我们更好地与他人相处，产生共情能力。

　　爱给我们带来正念，使我们的生活和学习都充满动力。

陈博士 三十六计小锦囊

用爱去表达，我们可以这么做：

1 小小心意

送出一个小礼物、一张感恩小卡片，帮朋友做一件小事……这些都承载着我们的爱意。

2 尊重和理解

朋友之间最重要的就是尊重和理解。遇到事情我们不要急着逼对方解释，而要用同理心体会他的感受，再在合适的时间进行沟通。

祝你健康快乐，
学业进步！

3

支持和鼓励

我们支持朋友的想法、选择、决定，鼓励朋友变得勇敢、坚强、独立，这些都是爱意的传达。

4

表达关怀

一个微笑、一次问候，一个拥抱、一声肯定，也能给朋友送去温暖。

教室

36 睡前放松

Tips

　　我们的一生中有三分之一的时间是在睡眠中度过的。睡个好觉对学生来说非常重要。因为充足的睡眠可以让我们的大脑维持正常的运转，有利于我们在第二天的学习中保持头脑灵活、精力充沛、心情愉快。

陈博士 三十六计小锦囊

要想睡个好觉，我们可以这么做：

1 **早点休息**

早一点儿休息，能让睡眠质量更高，比如每天在 21:30 左右就要上床睡觉了。

2 **提前上床**

如果我们计划 21:30 睡觉，那么我们最好在 21:00 就躺在床上，可以看一会儿故事书或者听一首温柔的音乐助眠。但不能听恐怖故事哟！

3

全身放松

伸个懒腰，或者缓慢地深呼吸，都有助于我们放松身心、减轻压力，切记不要过度兴奋或者进行大幅度运动。

好啦，现在我们可以好好入睡了，祝你好梦。

舒尔特方格专注力训练

1	8	2
9	7	4
5	3	6

训练时长 _____

9	4	3
1	7	6
5	8	2

训练时长 _____

10	16	14	6
4	12	1	3
7	2	9	15
11	5	13	8

训练时长 _____

16	10	8	14
13	1	4	7
3	2	11	5
9	12	6	15

训练时长 _____

8	14	10	12
11	5	2	3
1	16	9	6
7	4	15	13

训练时长 _____

2	9	15	3
7	12	1	6
10	16	4	11
14	5	13	8

训练时长 _____

4	13	5	2
9	1	11	8
3	7	16	14
12	10	15	6

训练时长 ＿＿＿＿＿＿＿＿

15	1	4	10
3	9	16	7
6	12	2	14
11	5	13	8

训练时长 _____

16	11	2	15
1	8	6	10
14	3	13	12
7	5	9	4

训练时长 _____

1	4	12	21	14
8	22	11	9	2
6	5	19	16	24
18	3	23	15	17
7	20	13	10	25

训练时长 _____

12	14	11	16	5
4	23	6	19	21
18	25	2	15	13
7	17	8	9	1
20	24	10	3	22

训练时长 _____

5	11	24	20	4
9	19	2	10	16
1	13	21	8	25
22	7	12	14	6
15	17	3	23	18

训练时长 _____

6	23	8	21	9
24	3	7	15	14
17	12	20	1	25
10	11	4	16	19
2	22	13	5	18

训练时长 _____

23	7	19	24	17
15	21	4	12	25
10	3	11	2	22
16	8	20	14	6
5	18	1	9	13

训练时长 _____